U0195772

超级科学家

前沿科技

[意] 费德里克·塔蒂亚　瓦莱里奥·罗西·阿尔伯蒂尼 / 著
[意] 安东乔纳塔·费拉里 / 绘　钱申杰 / 译

Original title: Perché il touchscreen non soffre il solletico?

www.editorialescienza.it
www.giunti.it
From an idea by Federico Taddia
Texts by Federico Taddia and Valerio Rossi Albertini
Illustrations by AntonGionata Ferrari
Filippo Taddia has cooperated to the texts
Graphic design and layout by Studio Link (www.studio-link.it)
Simplified Chinese Character Rights are arranged through CA-LINK International LLC
www.ca-link.com
版权合同登记号：图字：11-2018-8 号

图书在版编目(CIP)数据

超级科学家. 前沿科技 / (意) 费德里克·塔蒂亚，(意)瓦莱里奥·罗西·阿尔伯蒂尼著；(意)安东乔纳塔·费拉里绘；钱申杰译. —杭州：浙江文艺出版社，2023.4

ISBN 978-7-5339-7090-1

Ⅰ. ①超… Ⅱ. ①费… ②瓦… ③安… ④钱… Ⅲ. ①科学知识—儿童读物②科学技术—儿童读物 Ⅳ. ①Z228.1②N49

中国国家版本馆 CIP 数据核字(2023)第 002419 号

责任编辑 岳海菁 **装帧设计** 吕翡翠
责任校对 唐 娇 **营销编辑** 周 鑫
责任印制 吴春娟 **数字编辑** 姜梦冉 诸婧琦

超级科学家·前沿科技

[意]费德里克·塔蒂亚 瓦莱里奥·罗西·阿尔伯蒂尼 / 著
[意]安东乔纳塔·费拉里 / 绘 钱申杰 / 译

出版发行 浙江文艺出版社
地　　址 杭州市体育场路 347 号
邮　　编 310006
电　　话 0571-85176953(总编办)
0571-85152727(市场部)
制　　版 杭州天一图文制作有限公司
印　　刷 杭州富春印务有限公司
开　　本 710 毫米 × 1000 毫米 1/16
字　　数 74 千字
印　　张 8.25
插　　页 2
版　　次 2023 年 4 月第 1 版
印　　次 2023 年 4 月第 1 次印刷
书　　号 ISBN 978-7-5339-7090-1
定　　价 **35.00** 元

目录

如何阅读本书?

我们不奢望你打开本书，从第一页老老实实地读到最后一页——当然，如果你有时间、有耐心，那样也很好——人的思维总是在跳跃的，对于思维跳跃而发散的你来说，不妨试试随意打开本书的任意一页开始你的阅读体验。你会发现，这将是一次不同寻常的前沿科技之旅！

如果你最终读完此书，却还有一些疑问无法得到解决，恭喜你！因为一本成功的科普读物，虽然可以激发你的好奇心和求知欲，但真正的好奇心，却是无论多长的篇幅都无法满足的。

这次访问谁?

他知道光的奥秘，熟悉那些肉眼看不见的颜色，也许还知道如何制作一件隐身斗篷。他知道为什么没有永远不需要充电的电池，当电池充电的时候，他还会为它放声歌唱。

他就是物理学家瓦莱里奥·罗西·阿尔伯蒂尼。激光、微波、X 射线、太阳能电池板和核能都是他日常研究工作的内容。如果能够进行时间旅行的话，他会立即飞向未来，去看看未来是不是和他想象的一样。他也许还能找到一件聪明的工具，代替他回答小朋友们提出的各种好问题。

你准备好了吗？翻过这一页，让我们一同进入奇妙而又神秘的科技世界吧……

计算机会思考吗？

不，它不会。计算机可以做非常多的事情，但是它并没有思考的能力。我们可以借助计算机实现非常快速的运算，计算机本身也有着极大的存储空间，但实际上，它还是有点笨笨的。

不会吧，你在开玩笑吗？如果计算机能做这么多复杂的事情，而且大伙儿都在使用它，那它怎么可能会笨呢？

很抱歉，让你失望了，但计算机真的只会做那些别人让它做的事情。如果在它内置的程序中没有预留相关信息，它是不可能主动将这些计划制订出来的。计算机没有思想，在关机以后也不会做梦……

总而言之，计算机并没有想象力喽！

没错！人类的大脑中也包含类似于计算机所具有的计算单元和存储单元，但是这两者之间有着非常重要的区别：在计算机中，这些单元的连接方式是固定不变的，而在人脑中，它们的连接方式则是会不断变化的。

这么说来，我们人类更聪明？

可以这么说。我们的大脑可以不断进行自我修正，还能学

习新的东西。而计算机只能做那些已经为它设置好的任务，虽然在这个方面计算机可以做得非常好，但是它不会主动做其他的事情。

遥控器是怎么工作的？

遥控器是一个伟大的发明，对不对？它让我们所有人都变懒了。它的工作原理其实很简单：与对讲机、手机一样，遥控器也是用类似于光那样的信号来进行通信的。

所以，多亏了光，我们才能换台。那光是怎么做到这一点的呢?

请想象一下，你把一颗石子儿扔进一盆水里的情景。在石子儿落水的地方，会不断产生圆形波浪，从小到大依次向外扩散。这些圆形波浪一圈套着一圈，每个圆圈相隔的距离都相同。光线的工作方式和这个情况类似。

因此，光波和水波是一样的？

每一个光源，以一盏灯为例，它会向四周发出光波。光线越强，波浪越高。不太明亮的物体所发出的光波比较小，就像是水中只投入了一颗小小的石头粒。

所以，越明亮的光源，它发出的光波越强，就像水中投入了一块大石头？

是的，但不完全是这样。一个光源所产生的光波强弱，不仅取决于它的亮度，还取决于它的颜色。

这就新鲜了，光波还有颜色？

不，是光波（也就是前面说到的圆形波浪）之间的间隔有颜色。圆圈之间相隔的距离大，它们间隔的颜色是红色；随着圆圈之间相隔的距离越来越小，它们间隔的颜色也依次呈现出橙、黄、绿、蓝和紫色。值得一提的是，这些圆圈之间相隔的距离越小，光线所带的能量就越高。

存在看不见的颜色吗？

我们的眼睛感受不到太阳光谱上位于与红色相对应的光线

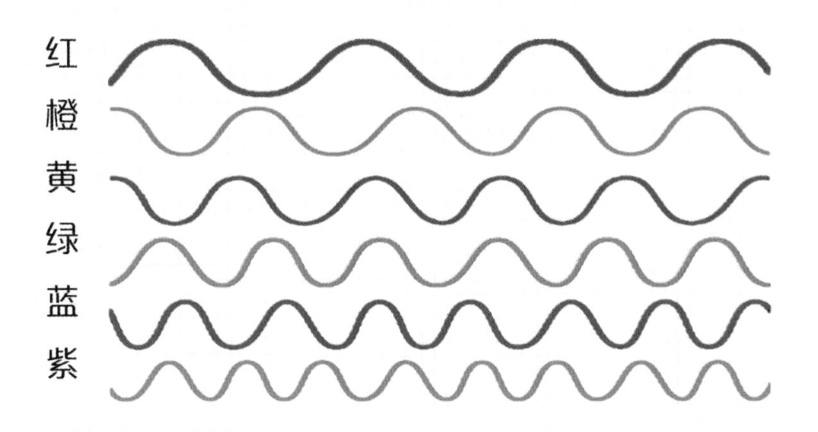

外侧的光，同样也感受不到与紫色相对应的光线外侧的光。

真可惜，我想我们错过了许多美丽的颜色。但是即使我们感受不到，这些颜色也依然存在，是吗？

是的，如果相邻两个光圈之间的距离大于红光光圈之间的距离，我们称这样的光为“红外线”，也就是比红光更靠外侧的光线。如果相邻两个光圈之间的距离小于紫光光圈之间的距离，我们则称之为“紫外线”，也就是比紫光更靠外侧的光线。可以肯定的是，无论是红外线还是紫外线，人们都无法通过肉眼看见，但它们确实存在，人们也可以测量到并使用它们。

如果我们看不见紫外线，那它又有什么用呢？

在科技界，它有数千种使用方法。借助紫外线，我们可以

对某些材料进行雕刻，也就是利用紫外线在它的表面进行书写。计算机内部的电子元件就是通过这种方法制造出来的。紫外线还能用来对其他物品进行消毒，因为紫外线对活细胞具有强烈的破坏作用，所以能够杀灭病菌。你肯定也与紫外线打过交道，通过你的皮肤：当你去海滩晒太阳的时候，就是紫外线让你变黑了。

当然，如果我不涂防晒霜的话，估计我也要变成紫外线了。那红外线又有什么作用呢？

遥控器使用的就是红外线，它能够被一些特别的设备“看”见，比如电视机里面的传感器。传感器能够通过红外线来接收指令，根据要求控制开关——打开或关闭电视机，切换频道，提高或降低音量……

这种光波与从手机中发射出来的光波是同一种吗？

手机的通信原理也是如此，但它发射和接收的光波幅度比红外线的幅度更宽，被称为“微波”。

微波炉里的“微波”？这样一来，手机不会把我们的大

脑烤熟吗？

从手机中发射出来的波与微波炉里的波是相同类型的波，但要比微波炉里的波弱很多。科学家们目前仍旧在讨论长时间使用手机会带来哪些影响。在最终的结论确定之前，如果你担心使用手机会有辐射的话，也可以使用耳机进行通话。

* 既然存在不可见光，那是不是也存在隐身斗篷？ 096
* x射线是什么呢？ 074
* 什么是 LED？ 030

什么是原子？

原子有点像建筑用的砖瓦，我们周围所能见到的一切物体都是由原子构成的，它们具有非常优美的形态。原子的中心部分被称为“原子核”，它如同太阳系中的太阳一样，而电子则像小行星围着太阳一样环绕着原子核运动。

所有的原子都一样吗？

不，它们也有大有小。最小的原子内部只有一个电子，它的名字叫“氢”，排在它后面、内部有两个电子的叫“氦”。就这样依次排序，其他原子都会比排在它之前一位的原子具有更重的原子核，内部的电子也会比排在之前一位的多一个。

能给我举个例子吗？

那我就以你肯定听说过的有名的元素来举例吧。氧和碳，它们的原子相当小；金属类的铜、铁，尤其是铅，它们的原子就更大一些。

* 为什么说碳是一种特殊的元素？ 026
* 能从原子中获取能量吗？ 084

存在无法被破坏的材料吗？

很遗憾，并不存在这样的材料。虽然有一些材料非常牢固，但事实上并没有什么材料是无法被破坏的。哪怕是钢也会被拧弯、被折断，只要它所承受的重量达到一定程度即会如此。

那么，有比钢更坚硬的物质吗？

钻石！它除了因为闪闪发光而能被制成贵重的珠宝外，也是地球上已知的天然存在的最坚硬的物质。

钻石无法被破坏吗？

不，它也做不到。想想看，钻石在高温里会发生什么……被烧光！

科学家们应该制造一种超级硬的钻石！

多年前，科学家们就已经成功研制出比钻石还硬的人工材料，这些材料被称为“超硬晶体”。这些特殊材料是通过将不同元素混合在一起制造而成的，常被用来切、割、锉、削其他物体，或是用来保护其他表面。

这些坚不可摧的材料被丢弃后，最终会变成什么样呢？我们走路的时候是不是经常能看见它们？

你说得没错，这种类型的材料在很长一段时间里都不会发

生任何变化，考虑由专业中心来收集和处理此类材料是最正确的选择。

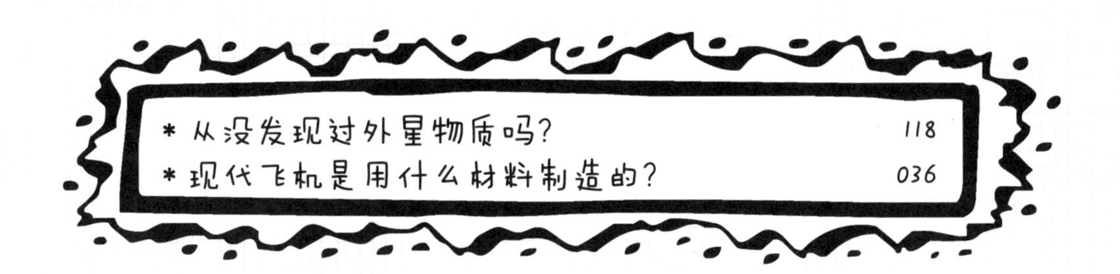
* 从没发现过外星物质吗？ 118
* 现代飞机是用什么材料制造的？ 036

什么是能量？

简单来说，能量就是使物体产生变化的根源。

这个说法是挺简单的，但是，很抱歉，我想我还是没明白：能量是如何使物体产生变化的呢?

一件物品刚才在这里，而现在在那边，对不对？这就是能量使它移动了。锅里的水刚才是冷的，而这会儿是热的，对吧？这也是能量的功劳。刚才是热的，而这会儿又冷了，是因

为什么呢？这意味着能量消失了。一盏灯刚才还是熄灭的，为什么现在又亮了呢？这也得归功于能量。地球不仅会自转，还会绕着太阳公转，这还是得归功于能量。

能量使得这些物体发生了变化，所有的这些物体都和它原本的状态有所不同，这些改变都是因能量的作用而产生的。

能量这么厉害！那怎样才能识别能量？能量又是怎么发挥作用的？

能量有很多种形式：动能，是促使物体运动的能量；热能，是发热物体所散发的能量；光能，是光源传播的能量；化学能，它蕴含在食物和燃料中。总之，我们的生活中存在着各种各样的能量。

如果我没理解错，自行车的车灯可以产生光能，而轮子可以产生动能？

能量不是被制造出来的。即使你时常会听到别人说（甚至是从科学家口中听说）“产生能量”，但实际上这个说法不正确。在浩瀚的宇宙中存在着数量庞大的能量，没有一种能量是可以增多或者减少、凭空产生或者凭空消失的。每一种能量都只是从一种形式转化成另外一种形式。当你蹬自行车的时候，你让车轮转动起来了，就是在将你肌肉里的化学能转化成动能。不仅如此，车轮带动了自行车上的发电机运转，发电机也是一种能量转换装置，通过车灯，又将轮子中的动能转化成光能，这种能量又可以称为“电磁能”。

那么，能量是自然界中本就存在的，还是人类发明出来的呢?

当然是自然存在的！能量的存在，可以说跟人类是否存在

毫无关联。从另一个角度来说，我们人类只是居住在地球上，而能量存在于整个宇宙中，所以，自然界中存在的能量可比我们的星球上存在的能量多得多。全宇宙中的恒星所具有的能量也比我们整个太阳系中的能量要多得多。我们现在能做的就是有效利用这些能量中的一小部分，将它们转化成对我们有用的能量形式。

清洁能量又是什么？

我们将那些可以在不污染环境的前提下转化的能量称为“清洁能量”。实际上，任何的人类活动都不可能做到零污染。

因此，我们应该说，这些能量在转化的过程中相对来说是无污染的。

那么，一个人每天需要消耗，不，转化多少能量？

说得好，你用了“转化”这个词，看来你完全听懂了。生命所需的能量，我们可以从食物中获取，然后通过各种转化形式，最后形成热量。多少热量？根据不同的年龄和生活方式，一个人每天需要转化 1500 至 3000 卡路里的热量，这大概是将一大锅冷水烧开所需要的热量。

什么是碳？

碳是一种元素，一种非常特殊的元素：生命的存在缺它不可。所有的生物，不管是植物还是动物，能够存在于这个世界上，都要归功于碳元素。

为什么碳这么特殊?

碳原子自身能够互相连接，也能够和其他原子相连接，形成碳基长链，木头、塑料和橡胶均由此产生。碳原子可以以许多不同的方式组合，也正因为如此，它成为了我们所见的各种生命形式的基础。

那么，有纯碳存在吗？

有，在自然界中，你通常能找到纯碳的两种存在形式：石墨，就是你通常在铅笔芯中能找到的石墨，还有钻石。

近几年，我们开始知道，碳原子也能够组成其他比较特殊的形式：微小的“碳纳米管”，极其小的“富勒烯”球粒，以及世界上最薄的材料“石墨烯”。

纯碳的每一种形式都有着令人着迷而又与众不同的特性，而它们的更多特性正等待着我们去发现。

碳元素最终会消耗殆尽吗？

很难消耗完吧，因为它实在是无处不在！而且，当碳的某

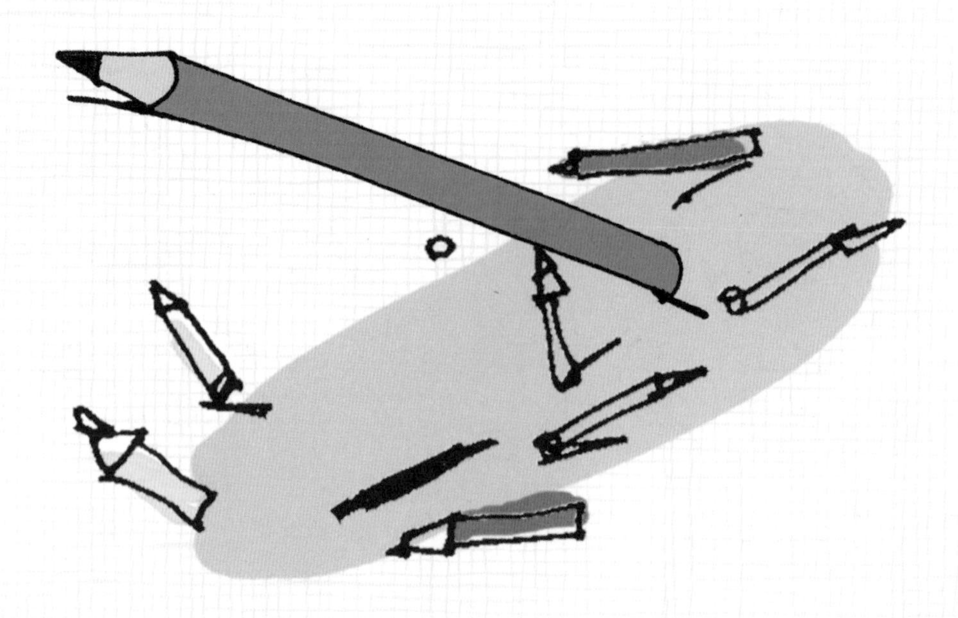

种存在形式被使用时，它只会从一种化合物转变为另外一种化合物，完全不会消失。

什么是LED？

LED 是英文 Light Emitting Diode（发光二极管）的缩写，意思是“可以发出光亮的二极管”。其实，LED 就是你在各种电子设备里都能看见的有色小灯。它们可能是红色的、黄色的或者绿色的，每一种 LED 只能发出一种颜色的光。

那么，这些二极管的工作原理是什么？

请你想象一下，现在有一架梯子，人们可以借助它到达不同的高度。在梯子下方有一张带有塞子的气垫床。如果一个人从梯子上跳向气垫床，气垫床中的气体会将塞子冲开。从越高的梯级上跳下来，塞子受到的冲击力就越大。在 LED 内部也发

生着同样的事情：一个电子从某个高度冲击而下，塞子会因冲击力而发射出去，对于 LED 来说，这就是发出一束光线。

嗯，这么说的话，电子就是那个从高处跳向气垫床的人吧。但是，小灯的颜色又是怎么改变的呢？

电子跌落的高度决定了光线所具有的能量的强弱。根据物理定律，如果电子跌落的高度较低，光线所具有的能量较弱，那灯光的颜色就是红色；如果电子跌落的高度高一点，光线所具有的能量则强一点，灯光的颜色就是黄色的；随着跌落的高

度越来越高，灯光的颜色依次呈现出绿色、蓝色。

如果电子从对应蓝色的高度更高的地方跌落，会出现什么颜色呢？

从更高的地方跌落就没有对应的颜色了，因为不存在，至少现在还不存在可以发出紫外线的 LED。

LED还有其他用处吗？

它还可以用在太阳能电池板上，用来发电，而不是用于照明，这是 LED 的反作用。

什么是“反作用”？

意思就是整个工作过程是相反的。请你将刚才的从高处跳向气垫床并将塞子冲开的这个场景先回想一遍。然后，现在倒过来想一遍。

塞子重新回来了，然后盖住了气孔……

这个时候，那个人从气垫床上跳起来，回到了之前跳下的高处。这个反向的过程，好比是塞子重新回到气垫床上，

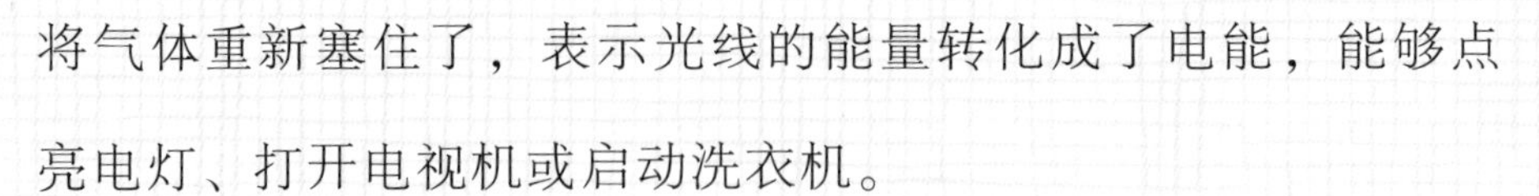

将气体重新塞住了，表示光线的能量转化成了电能，能够点亮电灯、打开电视机或启动洗衣机。

也就是说，LED能够将光能转化成电能？

如果是反向使用 LED 的话，确实如此。因为太阳能电池板也被称为“光电板”，这个词语来自古希腊语“phos”，光线的意思。它还被称为“光伏板”，这个词源自亚历山德罗·伏特，他是首位研究电能的特性和效果的伟大科学家。

一块太阳能电池板能转化多少电能呢？

一块与淋浴间面积大小相当的太阳能电池板在一个阳光充足的白天，能够转化足以点亮一盏吊灯的电量。至于将来它能达到什么水平，谁知道呢？

如果要给手机充电，需要多大的太阳能电池板呢?

一张 A4 纸大小的太阳能电池板就足够了，就像我们常用的打印纸那么大。

* 为什么光线有不同的颜色？ 008
* 为什么灯会亮？ 080
* 激光是什么？ 120

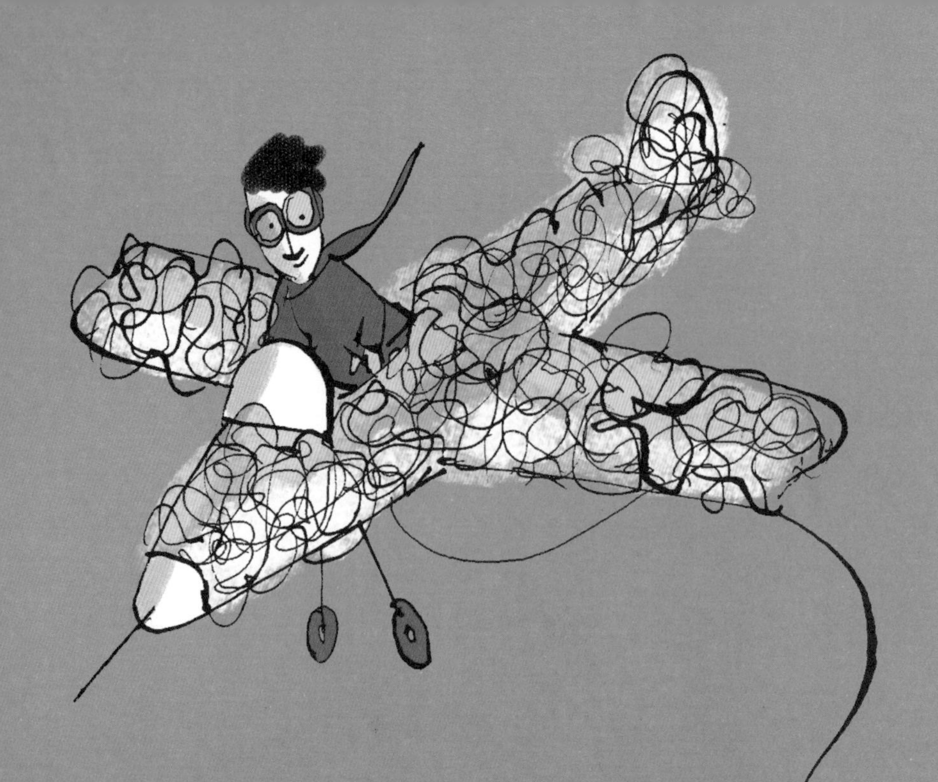

现代飞机是用什么材料制造的？

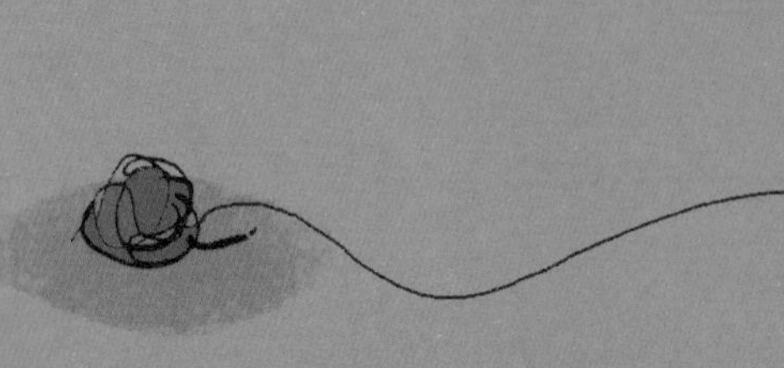

制造飞机的材料应该是轻巧而又坚固的。轻巧，是因为飞机需要在空中飞行；坚固，则是因为飞机在飞行过程中不能有任何损坏。

等等，让我想一想。纸张很轻，但是很容易被撕坏；石头很坚固，但是太重了。那么，理想的材料是什么？

直到几年前，制造飞机的最佳材料还是铝、钛这类金属，重量轻，但是很结实。最近一段时间，人们开始尝试用最新的碳纤维材料来制造飞机。“碳纤维”是由碳原子制成的纤维，是非常细的线彼此交织在一起后形成的更粗的线。

用这种材料比用结实的金属更好吗？

用这种纤维制成的电缆不仅比钢丝更轻便，也更结实耐用。而且，制造碳纤维的过程中产生的污染会更少。

* 新材料能被发明出来吗？ 068
* 存在无法被破坏的材料吗？ 016

我们能进行
时间旅行吗？

问得好，进行时间旅行真的是每个人的梦想。有些科学家认为这有可能实现，即便目前没有一个人能够真正制造出可以进行时间旅行的机器。那么，我们要好好思考一下了：如果时间旅行成真的话，会发生什么荒谬的事情呢？

为什么这么说呢？

请想象一下，你穿越时间回到过去，说服了你的爷爷在年轻时移民去了澳大利亚。在这种情况下，他完全没有可能认识你的奶奶，那么，你的爸爸也不会诞生在这个世界上，那你自

然也就不存在了。

太可怕了！如果真是这样的话，今天的我可能就是一只袋鼠啦！

除了这个糟糕透顶的结论以外，还有一个严重的问题：如果你不存在于这个世界上，那你又是怎么回到过去的呢？又是怎么说服那时候的爷爷移民去澳大利亚的呢？这个悖论，即是一种明显不可能发生的情况，而它只是所有与时间旅行相关的

问题中的一个。

如果真的能够进行时间旅行的话，你会去哪里？

我非常喜欢研究历史，但对于过去，我们并不需要亲自前往也能了解很多知识。相反，我们对未来却毫无所知。所以，如果真的能够进行时间旅行的话，我很想去未来看一看，想知道它是否如我所想的那样，还是完全不一样。

* 隐形传送真的存在吗？ 112
* 真的存在隐身斗篷吗？ 096

触摸屏有生命吗？

没有，触摸屏虽然看上去像是有生命，但其实只是屏幕比较特别而已。令它展开工作的方式有很多种，但所有工作方式的基础原理都是一样的。你了解大海战游戏吗？

我知道这个游戏，它的玩法就是尽量防御和击沉对手的船只。

和大海战游戏一样，触摸屏也是这么玩的，它使用的是棋盘格式样的屏幕。所谓“棋盘格”，就有点像我们吃烧烤时烤蔬菜用的网状烤架。在这个棋盘格屏幕上，每个小格子都有它自己的名字，它的名字由横向的数字编号和纵向的英文字母编号组成。

B3，击沉……B4，击中，抵挡住了进攻！

对，说得没错！一台电脑或者一部手机的触摸屏就是用这样的方式划分成一个个小格子，然后展开工作的。虽然，我们看不见那些小格

子，但是电脑能看见。

那触摸屏所拥有的船舰又在哪里？

船舰就是屏幕上的图标，它们是可以命令电脑工作的各种图形化指令。每个图标都对应着一个具体位置，也就是对应着某一个格子。当你的手指点到那个图标时，计算机能够感知你触摸了哪一个带有图标的格子。

就好像它知道我要击沉某一艘船吗？

没错。如果你来到我家，我待在一个房间里，而你在另外一个房间里，我可以告诉你："打开右边第二个柜子的第三个抽屉，把你找到的东西拿给我。"我告诉你哪里能找到我需要的东西，而你根本没必要知道你要找的是什么东西，只需要找到它就行了。

计算机也是这么干的：你告诉它位置，它就让被指示位置对应的功能工作起来。

那么，计算机又是怎么感知我的手指触摸到了哪一个图标的？

我可以举另外一个例子向你解释。你家有钢丝床吗？你在钢丝床上面走过吗？

当然。我踩在钢丝网的某个地方，那个地方就会塌陷下去，在那上面走，很容易摔倒。

如果你所站的位置，走过去一位体重非常重的先生，很有可能他脚下踩的钢丝网会直接触碰到地板。如果你趴在床底下观察，你会发现，钢丝网接触地面的那个点，可能正好与地板

上的某块瓷砖重合了。

在此，我们假设每块瓷砖的大小都和之前所说的大海战游戏的棋盘格所占的格子大小相等，所以，触摸屏的工作原理也与此类似。

触摸屏会和钢丝网一样弯曲吗？

触摸屏分为上下两层，在通常情况下，两层互不重合。上面一层具有弹性，当你用手指触摸时，它会往内凹陷，并和下一层产生接触。计算机接收到了两层互相接触的信号，知道了你在触摸哪个格子，就会执行这个格子上的图标所代表的命令。

那触摸屏会不会怕痒呢？

谁知道呢，也许是没人告诉它应该怎么笑吧！

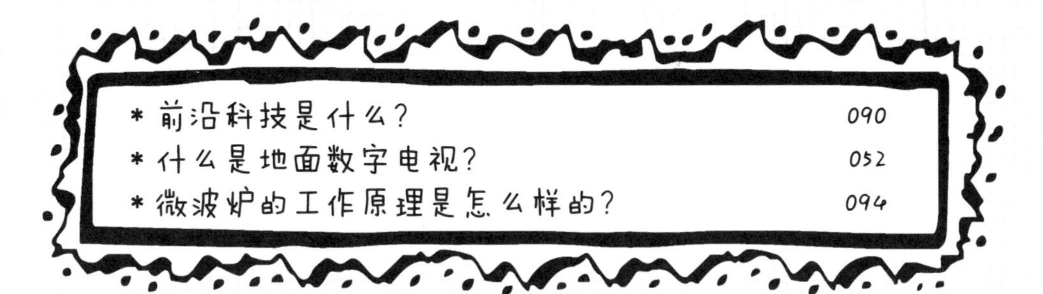

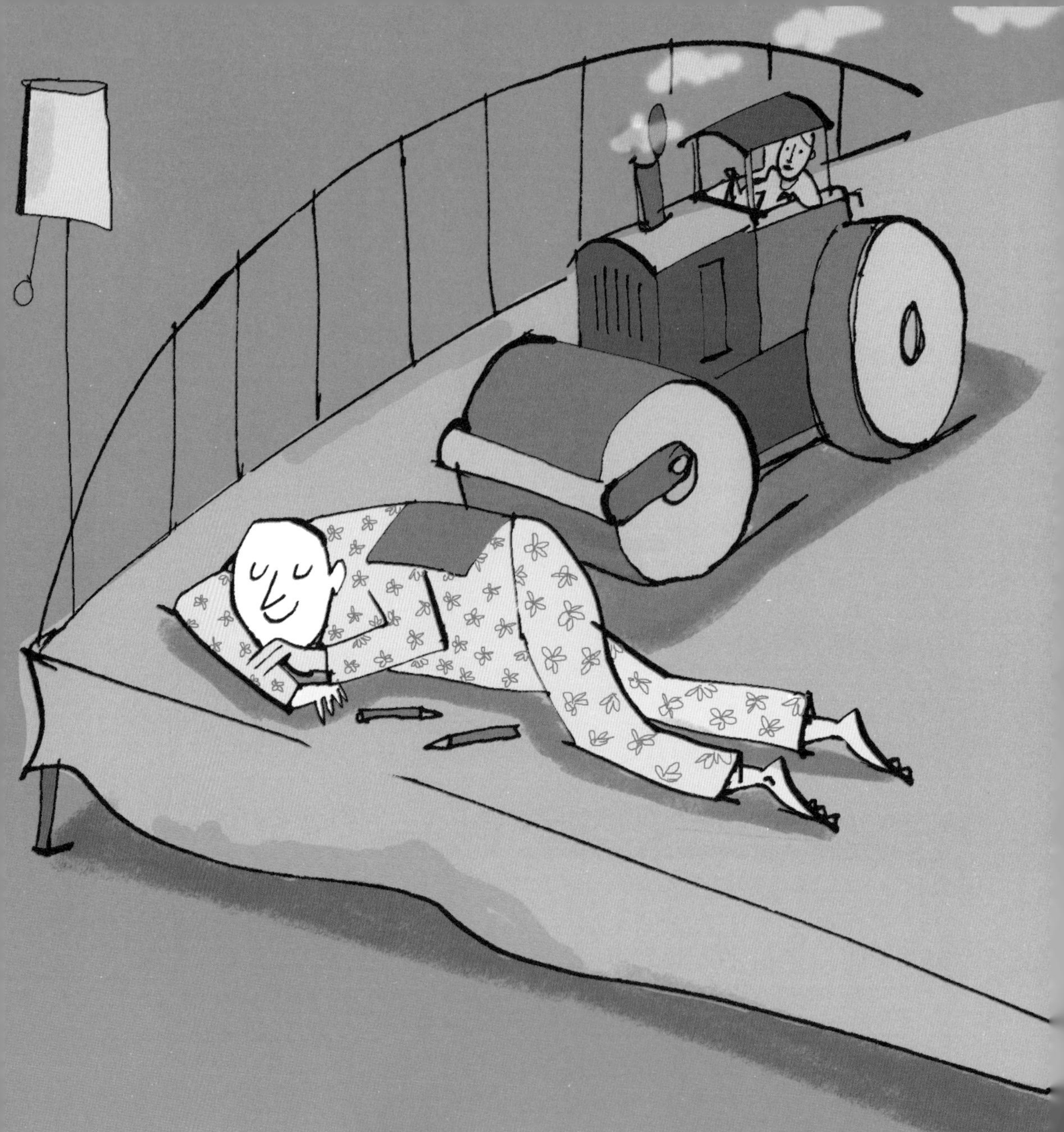

最薄的材料是什么？

它的名字叫“石墨烯”，看上去像是一条只能在显微镜下才看得见的床单。它除了是世界上最薄的材料之外，它的柔韧度和强度也很好。

此外，因为薄，光也很容易穿过它，所以它基本上是透明的。它就像是一件来自魔法世界的物品，但却又真实存在。

谁发明了石墨烯？

石墨烯不是被发明出来的，而是被发现的。你知道是怎样被发现的吗？这就要感谢胶带啦！

铅笔芯是由石墨制成的，而一根铅笔芯就是由好多层的石墨烯组成的，每一层石墨烯就好比是一本书里的一页纸。科学家们用胶带粘住铅笔的笔尖，然后很容易就撕下了几层

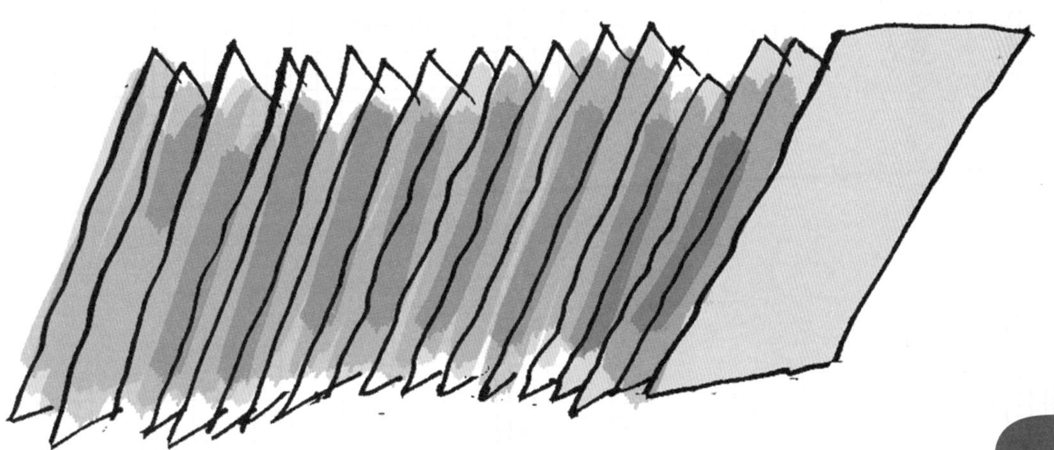

石墨烯。

石墨烯真是有意思。那它有什么用呢？

石墨烯是我们日常生活中最有用的一种材料：它能够使其他材料变得更坚固，或者被用来制造体积更小但导电性能更佳的电路。科学家们正在抓紧研究如何能够更好地利用石墨烯。

我们能用石墨烯做一条床单吗？

即使能够做出一条足够大的石墨烯床单来，也没什么用，因为它太轻了。而且它是透明的，恐怕到时候你都不知道该怎么整理床铺。

* 碳在自然界中存在吗？ 026
* 存在拥有记忆的材料吗？ 110

什么是地面数字电视？

这是一种全新的电视节目传送方法。地面数字电视之所以含有“地面”二字，是因为其传送电视节目的信号并不是由沿着地球轨道运行的卫星向地球发射来的，而是像广播一样是由地面天线传送来的。

那就完全没有人造卫星什么事了？

是的，与人造卫星没有关系，完全是在地面上传送。地面数字电视中的“数字”，指的是传送电视节目所采用的信号类型。之前使用这类传送方法时，采用的都是模拟信号。

这两种信号有什么区别?

数字信号意味着信息都是通过数字的形式传送的。例如当你在玩大海战游戏时，你说战列舰位于 G–5 位置，也就是 G 行 5 列。G 是字母表里第 7 个字母，所以说到 G 的时候，也就是在指第 7 列。所以我给你发个信息写着 7–5，你就能明白我指的是“第 7 行第 5 列”。数字信号的工作原理就是如此：依靠数字来传递信息。

为什么称它“数字信号”?

你最早是怎么数数的？用手指，对吧？很好，“手指”在拉丁语中写作 digitus。因此，借助数字来运行的技术和设备都被称为“数字技术”或者“数字设备”。

模拟信号又是怎么工作的呢?

我给你举个例子吧。假如我问你，圣诞老人送你的汽车模型有多大，你可能会张开双手把大小比画给我看，或者亲口告诉我车的尺寸是多少。如果汽车模型很小，你的双手可能靠得很近；如果它大一点，你的双手可能离得远一些。这就是模拟的含义：相当于双手的张开程度和汽车的具体尺寸之间的类

比，或者说是直接对应。而如果你告诉我汽车的长度为10厘米、20厘米或者30厘米，你就是在用数字和我交流，你传达给我的就是数字信号。

为什么要利用数字信号来传送电视节目呢？

在电视节目的传送过程中，数字信号能够将大量的节目内容同时传送过去，这就是现在大家更喜欢这种传送方式的原因。

那数字信号是怎么传输的？

我们再回顾一下刚才的例子。我需要传送一幅电视画面，假设我使用的是地面数字电视，我可以把这幅画面分割成多个小方块（通常称之为“像素”），就像我们之前所说的大海战游戏的棋盘格。每一个小方块对应着一个水平位置和一个垂直位置。

为了说起来方便，我们还是说之前那个 7–5 格子。现在我们加一个代表颜色的数字，比如说，1 代表黄色，2 代表绿色，3 代表蓝色，4 代表红色，等等。如此一来，编码 7–5–2 就代表着“第 7 行第 5 列的格子是绿色的”。

就这么简单？

差不多就是这样。如果我现在再加一个数字代码，我们就可以说出颜色的深浅。举个例子，用 1 来代表淡得发白的绿色，而 10 则代表深得发黑的绿色。如果我传送一个编码 7–5–2–8，我想表达的意思就是“第 7 行第 5 列的格子是深绿色的”。要是你将所有的格子都如此编码，你就能光凭数字信号传送将一幅将要出现在电视屏幕上的画面描绘出来。很简单，是不是？

如果一个电视节目很难看，那我能通过数字信号传送将它变得好看一点吗？

那不可能，差劲的节目依然是差劲的节目，但是你可以直接把电视关掉。

如何判断木乃伊的年龄？

嘿，问它自己就好了。我可以肯定地告诉你，的确有一种方法可以回答你这个问题。不仅是木乃伊，使用这种叫作“放射性测定年代法(基于碳元素)”的方法来检测遗骸，我们能弄明白任何动物或植物的死亡年代。

看来碳元素无处不在呀！离开了它，我们还能生活吗？

实际上是不能的。所有生物的组成物质里面都含有碳元素，也因此，碳元素被认定为生命基础。

我们人体组织里的普通碳元素，就和其他动物、植物组织中的普通碳元素一样，随着时间的流逝，不会增多或减少，前

后总是一致的。但世界上存在另外一种更稀有的碳元素——碳 14，也称为“放射性碳元素”，它会在一段固定的时间之后转变为其他物质，说得更清楚一点，就是会转变成另外一种元素。

我想到了“物以稀为贵”这句话。

的确，放射性碳元素正是如此。生物体通过摄取食物和呼吸空气等方式摄入这些放射性碳元素，死后便不再摄入。这个时候，普通碳元素会积聚在骨骼内部，而放射性碳元素却开始衰变转化，随着时间的流逝，变得越来越少。

那它都消失了，还怎么推算时间呢？

由于放射性碳元素衰变转化时间是已知的，又可检测出其在遗骸内的含有量，那就可以大致推算出生物体的死亡年代了。

能详细地解释一下吗？

我给你打个比方：假如你有一台冰箱，里面存放着很多食品，还有一盒用来冰镇饮料的冰块。而我们外出时关掉了电源，冰箱便停止了工作。随后，冰块开始一点点地融化。当我

们回到家的时候，我们会发现冰块都化了。

木乃伊也是存放在冷冻室里的吗？

并非如此。但这时候，我们如果知道冰块需要多长时间融化，也看见了冰块盒内还剩多少冰块和多少水，我们就能推算出断电了多久。

比方说，我们设定在一天的时间里冰块能融化一半，那当我们看见冰块盒内还有一半冰块一半水时，我们就能很快得出结论：冰箱断电了一天。

因此，冰块就像碳 14吗？

实际上，它们的原理是相似的。现在已知放射性碳元素在大约六千年的时间内会减少一半，因此，如果我们检测出遗骸内放射性碳元素的含量只有生物体内常规含量的一半，就意味着这副遗骸已经存在约六千年了；如果遗骸内只含有常规含量四分之一的放射性碳元素，那意味着它已经有一万二千年历史了。通过计算就能很快得出这些结论。

所以，如果你生日的时候他们送你一个碳 14探测器的话，其实是在以一种很含蓄的方式告诉你，你老了。

好吧，你说得对！但也有可能，他们只是想看看我的生日蛋糕是否新鲜呢！说不定它已经过期好几千年了。

* 存在拥有记忆的材料吗？ 110
* 什么是原子？ 014
* 我们能进行时间旅行吗？ 038

什么是核能？

核能就是原子核内蕴含的能量。这种能量通常会随着裂变过程释放出来。裂变实际上就是一颗质量较重的、原子序数较大的原子的原子核被破坏，分裂成质量较轻的、原子序数较小的多个原子的过程。

这么厉害！那原子核被破坏会产生什么后果？

原子核被破坏的后果就是原子核中蕴含的一部分能量会以热能的形式释放出来。这些热能可以转化成电能来点亮灯具、启动计算机和冰箱等。

哇！那人们又是怎样从原子核中提取能量的呢？

有一种装置可以利用裂变来获取核能并将其转化成电能，这种装置名为“核反应堆”。很多个核反应堆就组成了一座核电站。还有另外一种从原子核中获取能量的方式，我们将它称为“核聚变”。后面我们还会详细说到。

* 核能危险吗？ 104
* 什么是原子？ 014

什么是光纤？

光纤是一种非常细的玻璃线或者塑料线，但如果你要弄明白它的工作原理的话，不妨将它想象成一根管子，在这管子里流淌的不是水，是光。

就像花园里用来浇水的管子吗?

是的，你这个比喻不错。当你从水龙头那里接上一根管子时，你可以让水流到任何你需要的地方。对于光线来说，光纤也起到了同样的作用。光线通常是直来直去的，但如果你将它引入一根带有反射壁的管子中，你就可以强迫它跟随管子的走向前往你想让它去的地方。

那光纤有什么用呢?

光纤有很多用处，其中，最重要的作用就是用来通信。通常，我们很少用电线或者天线来进行通信，而更多地是使用光纤。在光纤中，光线是以忽闪忽闪的方式传输的。

* 什么是 LED? 030
* 遥控器是怎么工作的? 008

新材料能被发明出来吗？

当然可以，而且这个过程还十分有趣。我们不仅能够发明新材料，还能够根据想要达成的目的量身定制材料呢！

“量身定制”是什么意思？

直到不久前，人们为了建造某样东西还要根据不同部分的特点，选择最合适的材料，然后去制作。而现在，我们经常会在开始一项工作前先设计一种全新的材料，而不是在多种现成的材料中做出选择。在这样的方式下，材料能够具有高度切合需求的特性，比如，更柔软、更坚固，或者更轻。

可以给我们举几个定制材料的例子吗？

好的。塑料就是一种人工制造的材料，它是从石油中提炼制取的，在自然界中是不存在的。合成橡胶也是从石油中提炼制取的。此外，还有电脑显示器和电视的液晶屏、激光和计算机的组件……

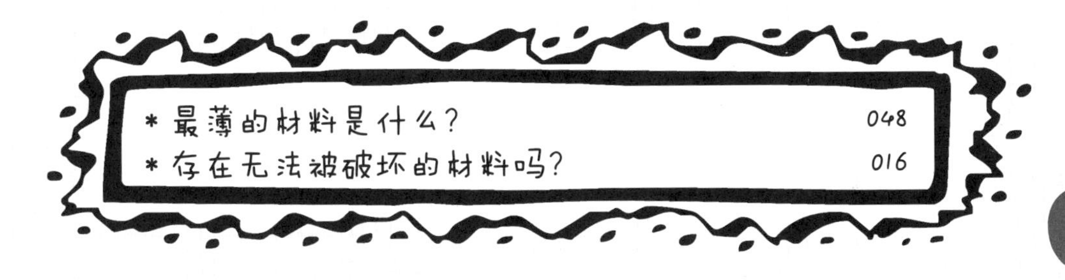

* 最薄的材料是什么？ 048
* 存在无法被破坏的材料吗？ 016

是否存在
永远不用
充电的电池？
B

还没有人发明出这样的电池，也不可能存在这样的电池。电池是一种能量容器，人们从里面获取的能量不可能比存放进去的更多。这就好比有一个存钱罐，你取出的钱不可能比你放进去的更多。

可是，能量不能在用过之后重新回到电池里面吗？就像存钱罐那样，常常是满的……

这种类型的电池是存在的，我们叫它“可充电电池”。但是，即使是这种电池，也只能像一个存钱罐那样：虽然取出来

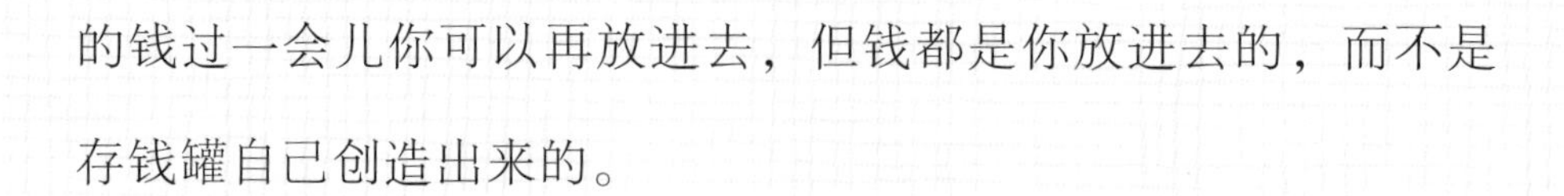

的钱过一会儿你可以再放进去，但钱都是你放进去的，而不是存钱罐自己创造出来的。

电池里面最后会剩下什么？

简单来说，电池里面只有能够发生化学反应的物质，这些物质进行化学反应后会在电池的两极（正极和负极）之间产生电流。

世界上第一块电池是由伏特发明的，它由铜片和锌片制成，同时，铜片和锌片之间垫着浸透了酸液的布片。电池的原理非常简单又极具创意，电气时代就这样开始了。

那么你呢，当你觉得浑身没劲，就像电池没电了那样时，你会怎么给自己充电呢?

我非常喜欢唱歌，唱几首歌能够让我浑身充满干劲。我还会和有着强烈求知欲的朋友聊天。非常幸运，我有很多这样的朋友，他们都非常有趣。

X 射线是什么？

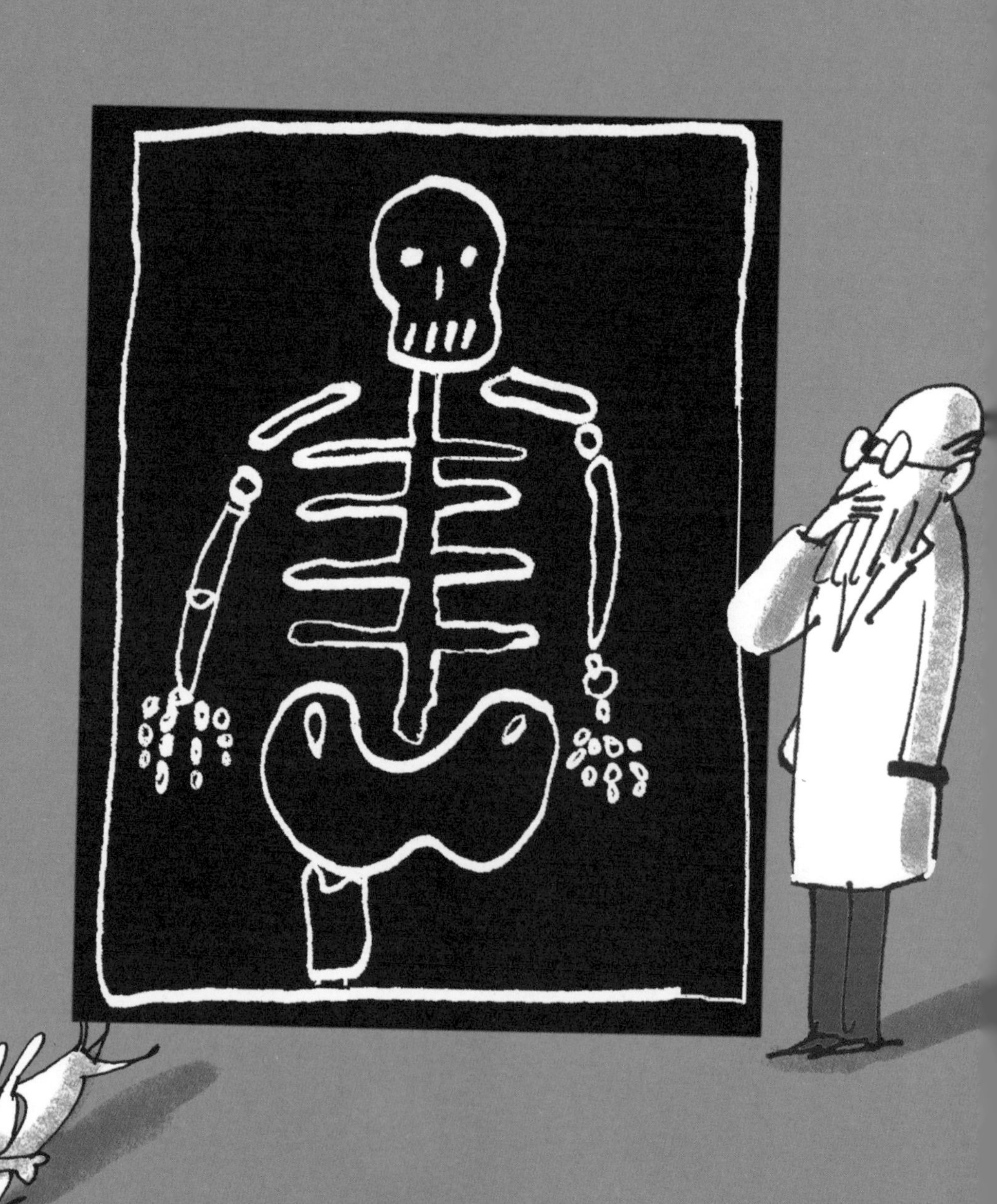

X 射线也是光线大家族的一位成员。它和电磁波有关，类似于微波、红外线、可见光和紫外线。与它那些更安静的亲戚相比，X 射线具有非常短的波长和非常强的能量。

所以，它能让我们看见任何东西？

并非如此。X 射线有很多种用途，其中，最重要的用途是用来拍摄 X 射线照片，也就是我们常说的“拍 X 光片”。之所以能拍 X 光片，是因为 X 射线和普通光不一样，除了一些密

度非常高的物体或者内含大量金属元素的物体之外，它能够轻而易举地穿透任何物体。

我们人体的密度很高？

人体内脂肪、肌肉和血液的密度不高，包含的金属元素量也很少，但骨骼中含有大量的钙。钙也是一种金属元素。

那我们在拍X光片的时候发生了什么？

当人站立在X光机前面时，通过设备医生只能看见其骨骼的轮廓——X射线无法穿透它。而正是因为X射线能够照出骨骼的样子，所以我们能够借此查明身体里是否有骨折的地方。

这也就是当我们摔倒后，感觉胳膊、大腿或者头部非常疼时，要去医院里拍片做检查的原因。

真有意思！当我想看看我的骨头是什么样的时候，直接去拍个 X 光片就行了？

当然不行！你必须多加小心，因为 X 射线会使人体细胞遭受损伤，引起严重的疾病，因此只有在必需的时候才会使用到它。如果你刚拍完一张 X 光片没多久又去看医生，而他想让你再拍一张 X 光片的话，你必须告诉他你才拍不久。

那机场的安检人员是怎么检查行李的呢?

与人们拍 X 光片的原理完全一样。他们会对行李进行 X 射线照射，在显示屏上，密度高的物体看上去要比密度低的物体颜色更深。有些金属物体，比如硬币或者钥匙，则直接显示为一片黑色。

为什么他们要用 X 射线检查行李呢?

通过这种方法，他们能够看清乘客行李中物品的轮廓，以此来判断哪些是违禁物品。但是，借助 X 射线只能看出物品的外形，并不能弄清楚具体是什么物品，因此在某些情况下，安检人员还是需要打开乘客的行李箱仔细检查里面的物品究竟是

什么东西。

那我们是不是也可以借助 X 射线来看看别人的脑袋，弄明白他们究竟在想什么？

借助 X 射线，你可以看见别人大脑里有什么，但很遗憾，你是不可能读取他人思想的。

为什么灯会亮？

灯泡一般是由一个抽光了空气的玻璃球和装在玻璃球里的一根在高温下不会融化的金属丝组成的。当开关被合上的时候，电流就会从金属丝中通过。

所以，电流就是光线？

不能这么说。电流是由很多非常小的粒子组成的，这些粒子叫作“电子”。你可以把它们想象成很多在管道内滚动的微小颗粒。在管道内通过的电子与原子不断地碰撞摩擦，就像一辆试图进入非常狭小的车库的汽车。

你有没有试过在石头或者柏油路面上摩擦一把小刀或者一枚钉子？你知道这样做会发生什么事吗？

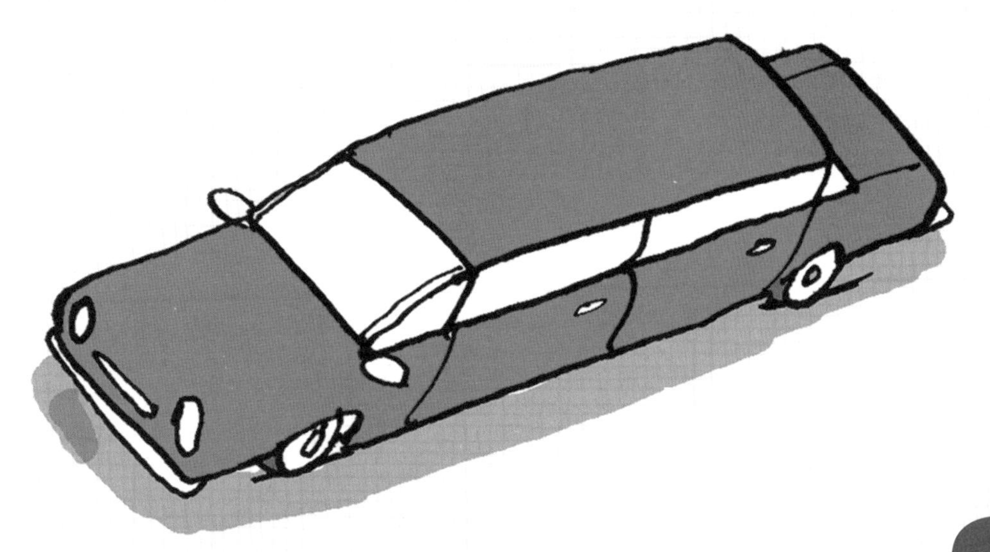

金属物体会发出非常刺耳的噪声，时间久了，它还会发热。

对，灯泡里的金属丝也会出现同样的状况。越多的电子从管道里面通过，金属丝就越热，直到最后白热化，就好像一根放在火炉中的曲别针，先是变红然后变白。由于电子很多，金属丝又很细，只要一会儿工夫，灯泡就被点亮了！

这就是亮着的灯泡那么热，里面那根金属丝都被烧白了的原因吗？

是的，就是这样的。在灯泡亮着的时候，你最好不要用手去碰它，因为燃烧释放的能量实在太大了，在这种情况下，你的手指头可能会被烫伤！

* 低功耗灯是怎样工作的？ 102
* 能量是什么？ 020

核能是从哪里来的？

如果原子的质量很大，例如铀原子，将其破坏可以获得能量。而如果原子的质量很小，例如氢原子，则应该将其连接在一起，或者用科学家的话说，“聚合”在一起，借此也可以获得能量。这两种方法具体要使用哪一种，取决于原子核的大小。

这是怎么回事？

简单来说，只要最终得到的产物的重量比最初的原子轻，那就能获得核能。比如，一个质量大的原子被破坏以后，最终所有分裂产物的总重量会比原来的原子轻。同样，质量小的原子互相结合后也会损失一部分重量。

那损失的重量就是释放出来的能量？

伟大的爱因斯坦就是这么说的！如果他早点认识你的话，也许可以在研究工作上省很多工夫。

但是，如果我把两个橡皮泥球揉在一块儿的话，我会得到一个更重的啊！

我给你举个例子来帮助你理解吧。你见过滑雪场的急救滑雪员吧？他们常常会一前一后抬着一副担架。你想象一下，当他们来到事故发生地，却发现根本用不着拿担架抬人时，他们会怎么做呢？他们会把担架扔下，然后各自返回。

我懂了，两名急救滑雪员就相当于一个原子分裂后的两块碎片。

就是这样。现在，我们举另外一个例子。两个童子军去爬山，每个人都背着一个双肩背包，当他们到达山顶以后，决定将两个背包里的东西放到一个背包里，然后一人一边抬着双肩背包把它带下山，同时将另外一个背包丢弃。

两个童子军就是聚合反应后连在一起的原子核?

是的。在第一种情况下，两个抬担架的急救滑雪员，代表着一个质量大的原子，它们丢弃了一部分自身的重量，然后互相分开。在第二种情况下，两个童子军通过一个背包连接在一起，代表着一开始互相独立的两个质量小的原子，它们丢弃了一部分自身的重量，然后结合在一起。

我好像懂了，被扔在路边的担架和背包就代表着释放出来的能量。

对，在第一个例子中，重量的损失来自两者分开（核裂变），而在第二个例子中，重量的损失则来自两者结合（核聚

变）。这样你就能明白，两个完全不同的过程——原子核的分裂和聚合，同样都可以释放能量的原因了。

与其他能源相比，核能是最好的能源吗？

其实，在科学领域，你无法说一件东西就一定比其他的都好，因为所有事物的存在都是合理的。事物本身并没有好坏之分，只是取决于我们对它的使用方法会给我们和这个星球带来有利还是有害的结果。当它能够帮助我们更好地生活时，那它

就是好的；当它会损害我们的生活，或是让我们处于危险中时，那它就是坏的。

* 什么是核能？ 064
* 什么是原子？ 014
* 核能危险吗？ 104

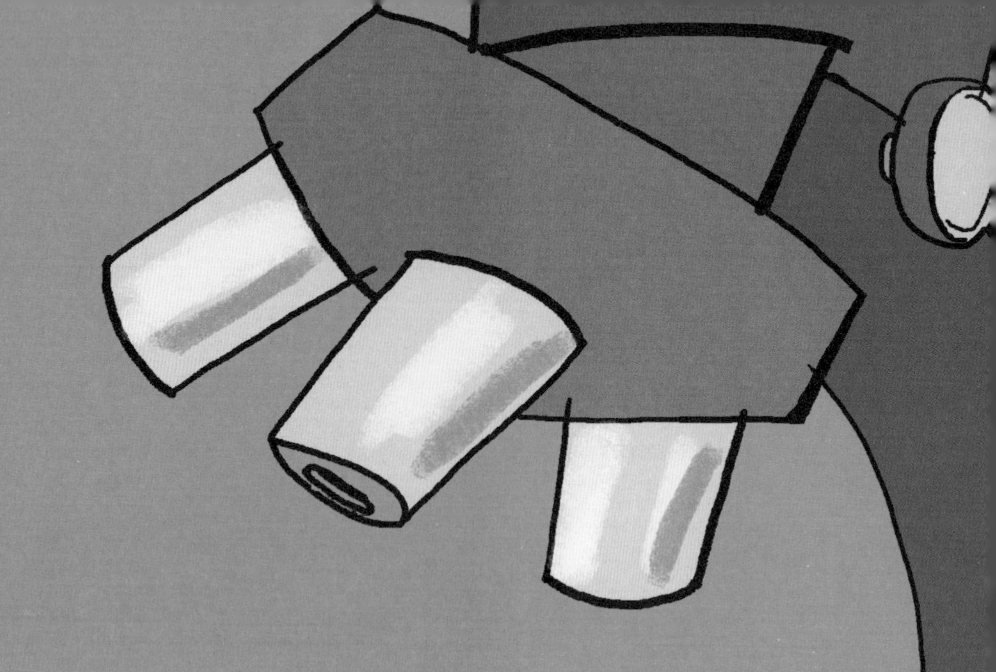

前沿科技是什么？

“前沿科技”是我们常说的一个词，但实际上它的概念有点笼统。我可以告诉你的是，几乎所有的前沿科技都是与显微镜下才能看见的事物有关的知识，它是基于靠肉眼难以看清的物体发展起来的。

是多小的物体呢？

请你想象一下一条长 1 米的横线，它可以被分为一千份，每一份长 1 毫米。你选择其中的 1 毫米，然后再将它像之前那

样分成一千份。现在每一份的长度是之前那根长 1 米的横线的百万分之一，我们称之为“1 微米”。像 1 微米这样或者比 1 微米更小的长度，在一百年前尚未被人所知。

真的是太微小了。那现在的情况呢？

现在，我们可以将这么小的物体看得清清楚楚，而且可以研究它的功能并使用它，这在几年前还是不可能实现的事情。

其他的前沿科技也能让我们的生活变得更美好吗？

你的身边充斥着前沿科技，但它们都隐藏起来了。你可以

在计算机、电话机和电视机的元件中找到它们，你也能在你所穿着的外套、毛衣的面料中发现它们，它们还存在于你脚上所穿的鞋子使用的材料中，制造自行车的材料中，制造网球拍的材料中，等等。

微波炉是怎么工作的？

这个问题还挺不好回答的。微波是一种电磁波，类似于光波或者可以传输音乐和广播的无线电波。

那它和我需要加热的午餐有什么关系呢？

微波的能量能够转化成另一种形式——热能。微波炉内部生成的微波使得食物内含的水分子发生振荡。水分子不断地来回振荡和摩擦，从而使得微波炉内的食物被加热了。

这就是为什么放在微波炉里的汤能在短短几分钟内就被加热——那里面有很多水分子！

没错。根据这一点你也能推断出，内部含水量少的食物，例如饼干，是不适合放在微波炉里加热的。

微波只能用来加热水分子吗？

并非如此。得益于微波的存在，手机也可以连接上网络。

* 为什么灯会亮？ 080
* 什么是能量？ 020

真的存在
隐身斗篷吗？

谁知道呢，即使存在，也没有人能看见它呀，它是隐形的！不过据我所知，这种类型的斗篷目前还不存在，但是根据科学家们的精密计算，理论上是可以让一个物体在人们的视野里消失的。

我只能将它想象成是一件用空气做成的物品……

不，在这种情况下，我们需要用到自然界中不存在的新材料，我们称之为“超材料”。超材料有着改变光线传播路径的能力，可以根据科学家的意愿让光线做任何改变。

包括隐形?

为了让你更好地理解这个系统是如何工作的，请想象一下，你走在街上，而这时候开始下雨了。为了不让自己被雨淋到，你会走近一栋房子，因为这栋房子的二楼伸出了一个雨篷。这时候，你不用抬头看都能知道，你正站在雨篷下面，因为你能看见周围满是雨水，但你的身上一点儿也没有淋到。但是，当你在雨篷下站的时间久一点以后，你会发现又有水滴滴到你身上了。

这怎么可能？

最简单的解释就是，住在二楼的人把为你挡雨的雨篷收起来了。也有可能是住在二楼的小朋友正在和你开玩笑。他从阳台探出头来，用洒水壶接了雨水往你身上洒。

那你说的这些和隐身又有什么关系呢？

关键点在于，掉在雨篷上的雨滴和小朋友洒在你头上的水滴没有什么不同。这两者都是水滴，如果不仔细分辨的话，你根本没有办法判断这水滴究竟是不是从天上落下来的。隐身的原理也一样。你回想一下我刚才所说的雨篷，假设现在太阳很大，我们也能在不特意去看雨篷的情况下知道它的存在，对不对？

嗯，我能知道有雨篷存在，因为它帮我遮挡了阳光。

如果我们可以让雨篷上方的阳光绕过雨篷直接照下来，就像刚才我们所想象的用洒水壶接了雨水往下洒一样，那雨篷就不会再起到遮挡的作用，我们也会直接晒到太阳。这样一来，雨篷就好像隐身了一样！

那怎样才能让光线按我们的要求去做呢?

有多种方式可以达成这一目标。最简单的方法，就是用许多光纤包围想让其隐身的物体，这样一来，光纤可以将物体后方的光折射到前面来。这时，我们就看不见位于光纤包围圈里的物体了，因为光线经过折射后不会再被任何物体阻挡。

也就是说，当物体阻挡了光线时，这个物体就是可见的，对吗？要是我有一件光纤制成的外套，我就可以和我的朋友们开玩笑了。

事实上，使用光纤并不是一个切实可行的办法，但这个概

念从理论上来说仍然是正确的。如果用超材料来替代光纤将物体包裹起来，超材料就能令物体周围的光线都改变传播路径，这样一来，我们就能得到真正的隐身斗篷了。

就像哈利·波特的隐身斗篷那样？

差不多。但哈利·波特拥有的是一件魔法斗篷，而我们得到的是……科学斗篷！

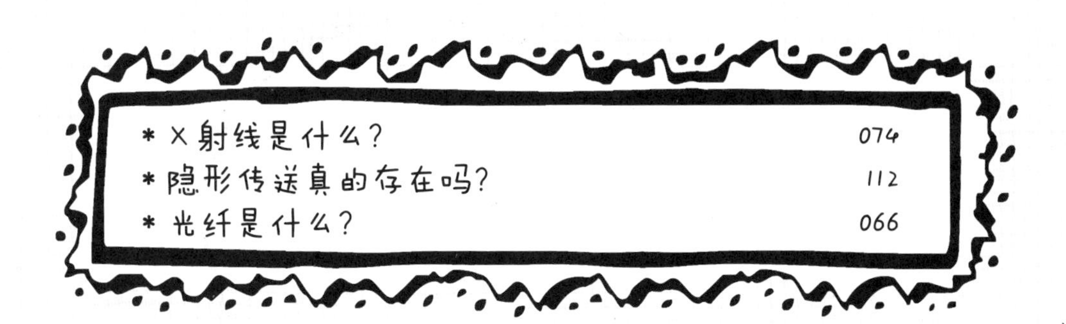

什么是
低功耗灯？

“低功耗灯”是指能够在与传统电灯产生同样亮度的前提下消耗更少的能量的灯，因此，它也被称为“节能灯”。

它是怎么做到节能的？难道它会在屋里没人时自己关掉，从而节约能源吗？

当然不是，它能节能是因为制造方法与众不同。在节能灯中，电流不是通过灯丝传递，而是在一根充满了气体的管子中传输的。电流中的电子会不时地去撞击气体原子，使它释放出一部分动能。这一过程就有点像你用手去拍打浮在水面上的皮球，它会先沉到水里，然后跳上来。随着“一跳”，气体原子会以灯光的形式将从电子那儿获得的能量呈现出来，确切地说是以光的形式在传递能量。

为什么将老旧的白炽灯替换成新型的节能灯如此重要？

尽可能地减少能量转化是减少污染的最好方式。

* 什么是能量？ 020
* 为什么灯会亮？ 080

核能危险吗？

是的，核能可能很危险。在一个核裂变反应堆中，一个原子核（通常是质量非常重的铀的原子核）发生分裂，它分裂后的碎片会去撞击其他原子核。这些被撞击的原子核也会进行分裂，然后它们分裂后的碎片又会去撞击其他原子核，将这一过程一直持续下去。因此，这是一个应该受到控制而不能让它脱离掌控的过程。

这有点像玩保龄球，击中第一个球瓶后，球瓶倒下，然后它又碰到其他两个球瓶……

是的，这两个球瓶受到碰撞后，也会倒下，然后再碰到其

他四个，以此类推，最终所有的球瓶都会因为第一个倒下的球瓶而倒下。这样的过程被称为“链式反应”。

因此，只要使第一个原子核发生分裂，剩余的自然也会发生分裂？

为了在裂变反应堆中制造能量，我们需要启动这个反应。但这还不够，我们还必须知道如何管理和控制这个反应。如果任其自行发展，释放的核能量增长速度将会非常快，反应堆就会失去控制。

会发生日本广岛原子弹爆炸那样的事件吗？

是的，差不多。原子弹会故意引发不受控制的裂变链式反

应，那它就能在瞬间释放出特别巨大的能量。正如我们所知道的那样，在日本广岛，最终发生了整个战争史上最大的，也是最具有破坏性的爆炸事件。

因此，核电站也会在某个时刻爆炸？

不，在核电站中，我们会确保每次反应只释放一小部分能量，并且能够在无危险的情况下使用它。当然，核电站中铀的使用量也比制造原子弹时所需的用量少。

那日本福岛的核泄漏事故又是怎么回事呢？

日本福岛并没有发生核爆炸事件。当时，巨大的海啸冲击了日本福岛沿海建造的核电站的反应堆，导致其冷却系统无法工作。因为核反应过程中会释放出巨大的能量，所以冷却系统无法正常工作致使某些反应堆发生了爆炸。反应堆中的有害物质因此外泄，污染了附近区域。

核能是未来的主要能源吧？

核聚变释放出来的能量可能是的。在核聚变过程中，参与核反应的是大量存在的轻原子核，而且也不会发生类似裂变反

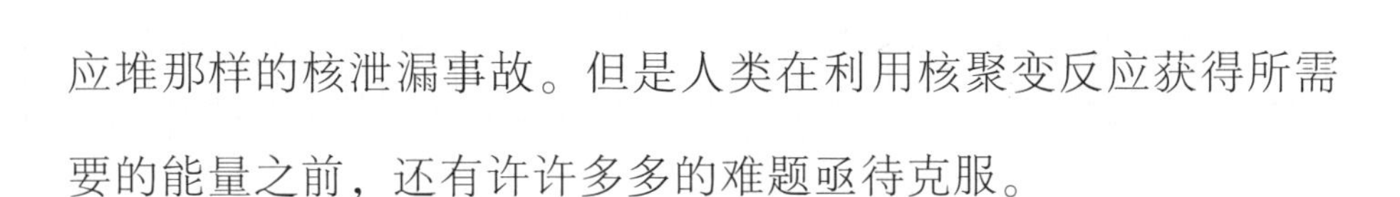

应堆那样的核泄漏事故。但是人类在利用核聚变反应获得所需要的能量之前，还有许许多多的难题亟待克服。

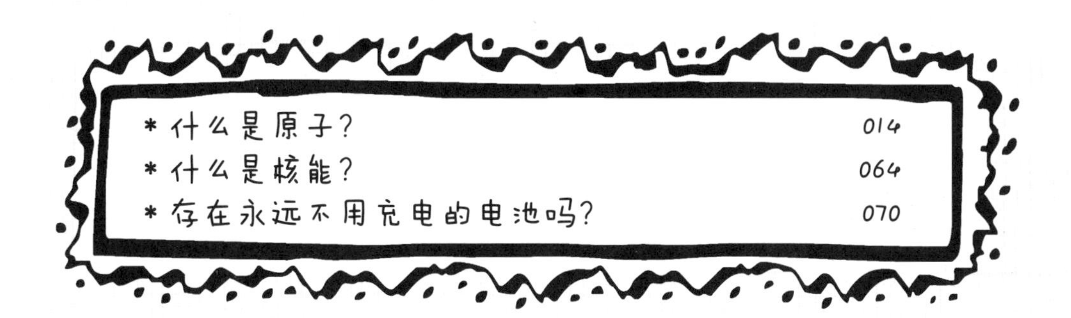

* 什么是原子？ 014
* 什么是核能？ 064
* 存在永远不用充电的电池吗？ 070

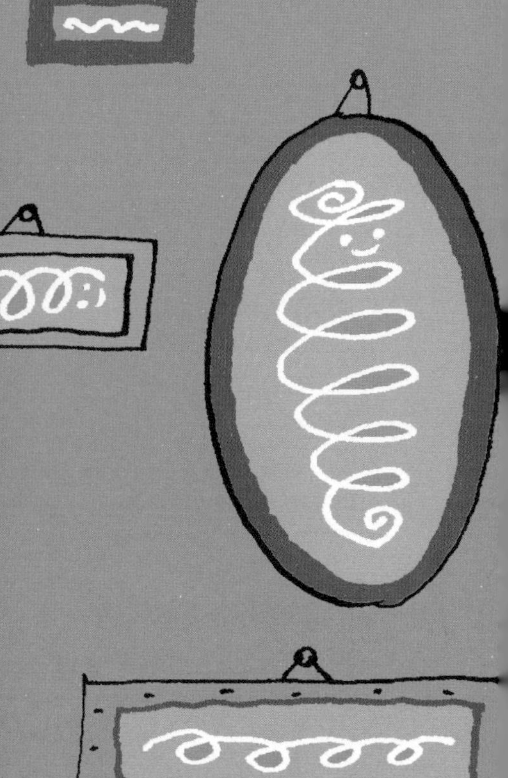

有些材料拥有记忆是真的吗？

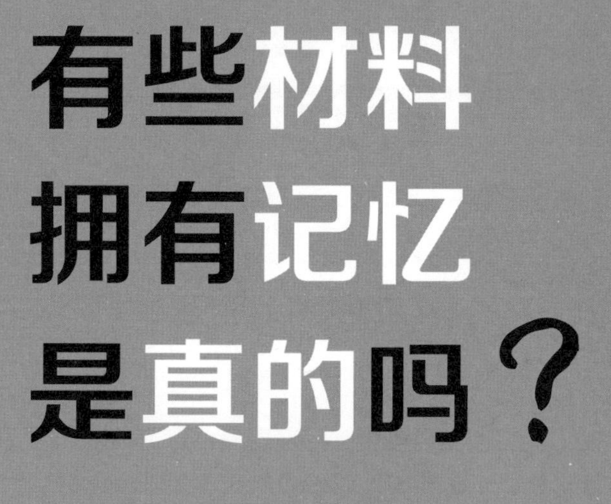

是的，有一些合金材料确实如此。所谓“合金”，是指由两种以上的金属混合熔化而成的产物，具有很奇怪的特性：它能记住曾经有过的形状。我给你举个例子，想象一下，一根做成弹簧的金属丝。

弹簧就是圆珠笔里的那个东西吧？

是的。想象一下将弹簧尽可能地拉长，如果它是由普通金属制成的，那这根弹簧就会变成一根直的金属丝，实验就到此结束，圆珠笔也不能用了。但如果这根弹簧是用“形状记忆合金”制造的，那只要将其加热到一定温度，金属丝又将重新绕成卷，被还原成原来的形状。

这些金属拥有大脑吗？它们居然能自行修复。

不，这只是一种物理效应。当金属丝的温度不高时，你可以将它展开；当超过一定温度时，金属丝会重新卷起来。

* 存在外星物质吗？ 118
* 人类有可能发明新材料吗？ 068

隐形传送
真的存在吗？

要是真的存在隐形传送就好了，那将会解决许许多多的交通问题！但是到目前为止，人类还无法真正隐形传送一个物体，不能够让它从所在的位置消失，然后再在另外一个很远的地方出现。隐形传送只能发生在科幻电影中。

但是科学家们已经尝试过很多次了，对吗？

是的，这个主意非常吸引人，但人类目前能够实现的隐形传送实际上传送的是一份信息。也就是说，向远方传递某个信息，说明一个很小的物体，比如说一个原子是怎么组成的，而不是真正地去移动这个物体。

那用电话也能够和远方的人交流呀！

是的，但隐形传送的情况和打电话不一样。隐形传送就像是，我朝你喊一句话，我的声音并不会借助某个媒介从我这里传播到你那儿，而是在我喊话后立即消失，然后马上出现在你耳边。在这种情况下，你可以听见我的喊话，但并没有其他媒介出现在你我之间。

我听说过一种三维传真，这又是什么？

对于普通传真来说，为了打印出一张照片，传送照片的那台机器会告诉接收照片的机器：这张照片的第一个点，在左上方，是红色的，后面那个点是黄色的，以此类推。在这种情况下，照片是按照一个点一个点来描述的，接收照片的传真机能够根据这个描述准确地画出传真过来的照片。而三维传真则不同于普通传真，它能够再现真实存在的物体。为了更好地理解它，你可以想象一下，把需要传送的物体切割成片。

远距离切割?

差不多吧……物体的每一张切片就好像是一张照片或是一张图，所以它能够用上面说的方法借助传真机传输过来。当所有的切片传输完毕后，接收方的传真机会将它们一张连着一张叠起来，最后合并在一起，重新制造出整个物体。当然，切割物体和重新制造物体，用的不是刀片和胶水，而是装在计算机里的图形软件。

啊，原来如此!

实际上，现在已经有新的技术可以实现三维打印了。这种技术能够制造塑料或者金属制品，你想要什么样的形状就能制

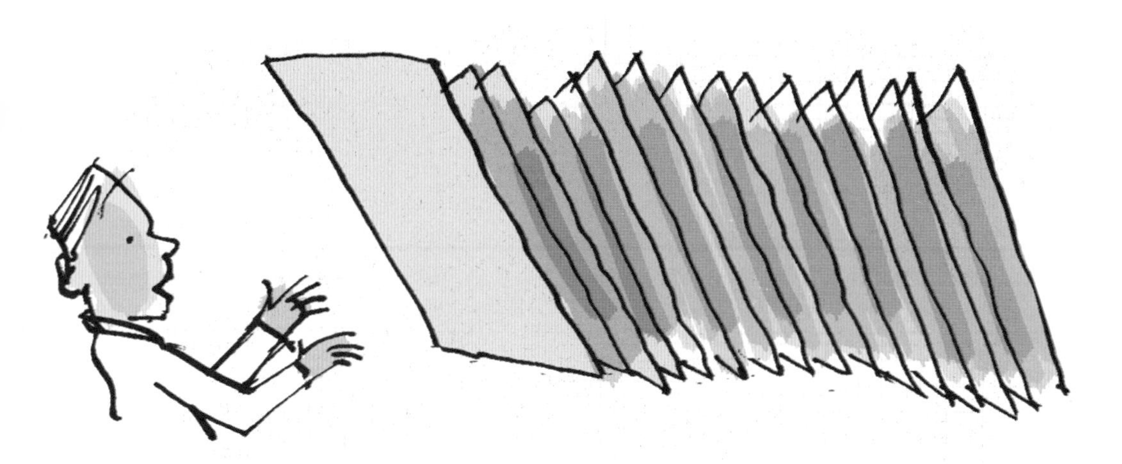

造什么样形状的。这种方法还可以制造出用传统方法难以制造或者制造代价极其高昂的物体。

它是怎么做到的？

三维打印的工作原理和三维传真差不多，不同点在于用切片一张连着一张制造物体的指令并不是通过传真机传达的，而是由连接着打印机的电脑下达的。打印机会在喷嘴中喷射出加热后的塑料或者其他液体材料，随后它们会凝固。这样一层层地打印出来叠加在一起后，物体就出现了。

真不错！所以，以后我们可以将一份意大利面从地球的

这一端传送到另外一端了?

理论上来说是没问题的，但我们才刚刚开始这项技术的研究。我可以告诉你的是，NASA（美国国家航空航天局）正在研制一种特殊的三维打印机，这种打印机能够让他们的宇航员在国际空间站里吃上比萨！

从未发现过外星物质吗？

如果你指的是某架飞碟的一块碎片或者火星人制造的某件工具，抑或是类似的东西，那毫无疑问是没有的。但我们已经找到了来自其他星球的岩石碎片。

为什么其他星球会掉落岩石碎片呢？

当一颗巨大的陨星，这种陨星通常被称为“小行星”，撞击一个星球时，会造成巨大的爆炸。这样的爆炸会让岩石碎片迸射出几千公里远。如果某些岩石碎片的飞行速度足够快，那它们将脱离原来的星球，掉落到其他星球上，比如说掉落到地球上。

这是不是有点像星球与星球之间互赠礼物？

非常珍贵的礼物！有些科学家说，这是生命在宇宙间传播的一种方式，因为可以让生命诞生的物质也许就能在这些从一个星球飞向另外一个星球的岩石碎片中找到。

* 我们能进行时间旅行吗？ 038
* 隐形传送真的存在吗？ 112

激光是什么？

激光是用来读取光盘和让电脑鼠标正常工作的光线。它是一种非常强烈的有色光线，通常是红色的；但它又是一种非常特别的光线，与太阳光和灯光不同。

这是什么意思？不是所有的光都一样吗？

不，完全不一样。光线可以看作是一组数量众多的发光微粒，就好像有许多微小的萤火虫在一起飞舞，又有点像喷出去的一把沙粒。这些发光的微粒，名为“光子”，能够毫无秩序地自由移动，就像是一群散兵游勇。太阳光和灯光就是由这么一群自顾自活动的微粒组成的。

那激光呢？

一台激光发射设备能够将光微粒有秩序地发射出去，这时，光微粒就好像是阅兵式上列队的士兵。

激光和普通的光有什么区别吗？

就因为光微粒如此有秩序，激光光线才能非常强烈。请想象一下，在一个有着一条大道的小村中，所有的房子都沿着大道两边依次排列，大道的终点是一所学校。每座房子里住着一

个小朋友。每天早上，差不多在同一个时刻，孩子们醒来，然后出门，沿着大道走向学校。从高空往下望去，我们会看见孩子们自顾自地走着，或者是三三两两地聚在一起走着，并无秩序可言。这些孩子的行为举止就像是灯光里聚集的光微粒。

那激光中的光微粒不用去学校吗？

不，他们也要去学校。和那些在闹钟响了以后才起床的孩子不同，这些孩子会被他们中的一个同学叫醒。这个孩子居住在大道的一端，他家的位置与学校的位置正好相反。他从家里出来后，并没有直接去学校，而是在路上遇见的第一座房子前停下脚步，敲门叫醒他的同学。

好像很有趣，然后又发生了什么事呢？

这两个人排队一起走，然后一同在下一座房子前停下来，这里有另外一个孩子会加入他们，然后他们再排队一起走，以此类推。当这些孩子组成一支人数众多的队伍时，他们也来到了大道的尽头。这时候，我们从高空往下望去，呈现在我们面前的是一支团结的队伍，他们步伐一致。这些孩子的行为举止就像是激光中的光微粒。

真正的团队合作！

对！现在，我们假设学校门前有一个障碍物，比如有个大柜子挡在学校大门前面。当孩子们走到这个柜子前的时候，他

们需要把它推倒。三三两两来到学校的孩子们在推柜子的时候，柜子只会轻轻晃动；一起列队来到学校的孩子们则能够将柜子直接推倒。同样的情况，激光设备发出的光微粒能够用很大的力量撞击金属，甚至能够切割金属。

科幻电影里的激光剑威力无穷，现实生活中也如此吗？

是的。在进行外科手术时，激光可以用来做手术刀。它还能像氢氧焰一样用来切割钢板。你用一盏灯试试，它根本不可能做到这些！

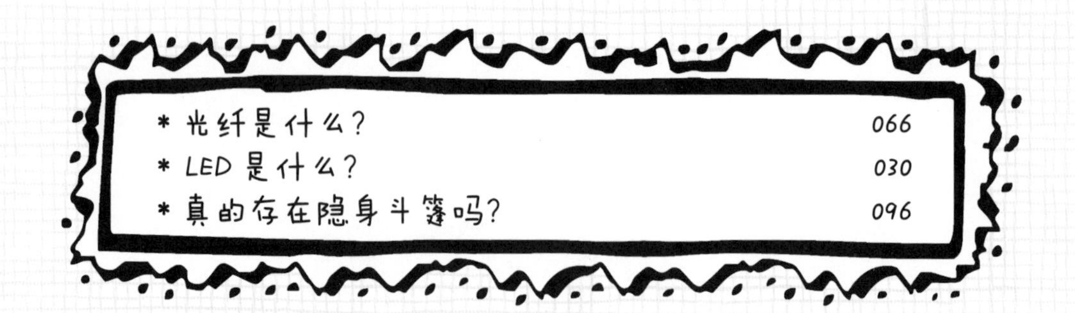

* 光纤是什么？ 066
* LED是什么？ 030
* 真的存在隐身斗篷吗？ 096

话题索引

关于能量

关于材料

关于原子和原子核

关于光

关于当下和未来的技术